斑马

[美] 梅利莎·吉什 著

陈茜颖 译

浙江出版联合集团

浙江文艺出版社

Published in its Original Edition with the title
Zebras
Copyright © 2013 Creative Education.
This edition arranged by Himmer Winco
© for the Chinese edition：Zhejiang Literature and Art Publishing House

本书中文简体字版由北京 Himmer Winco 永固兴码 文化传媒有限公司独家授予
浙江文艺出版社有限公司。
版权合同登记号：图字：11-2015-336号

图书在版编目（CIP）数据

斑马/（美）梅利莎·吉什著；陈茜颖译. —杭州：
浙江文艺出版社，2018.1
ISBN 978-7-5339-4781-1

Ⅰ．①斑… Ⅱ．①梅… ②陈… Ⅲ．①马－普及
读物 Ⅳ．①Q959.843-49

中国版本图书馆CIP数据核字（2017）第036896号

策划统筹　诸婧琦　　　责任编辑　陈富余
装帧设计　杨瑞霖　　　责任印制　吴春娟

斑马

作　　者　[美]梅利莎·吉什
译　　者　陈茜颖

出　　版　浙江出版联合集团
　　　　　浙江文艺出版社
地　　址　杭州市体育场路347号
网　　址　www.zjwycbs.cn
经　　销　浙江省新华书店集团有限公司
印　　刷　上海中华商务联合印刷有限公司
开　　本　889毫米×1194毫米　1/12
印　　张　4
插　　页　4
版　　次　2018年1月第1版　2018年1月第1次印刷
书　　号　ISBN 978-7-5339-4781-1
定　　价　29.80 元（精）

上百匹斑马长途奔袭，
穿越盐漠，来到河边。

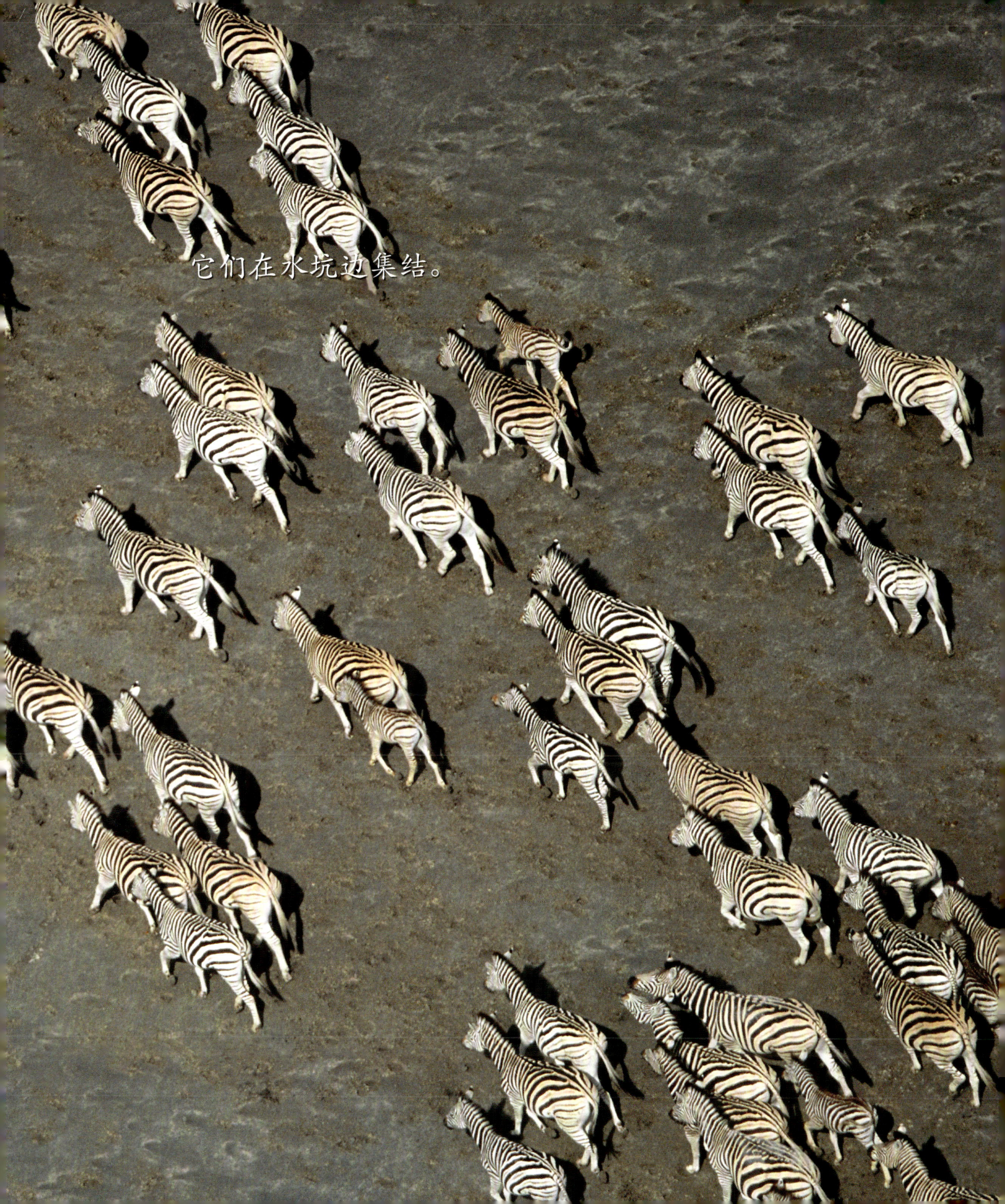
它们在水坑边集结。

八月中旬,博茨瓦纳自然保护区正值盛夏,博泰蒂河干涸见底,只剩零散的几处小水洼。上百匹斑马长途奔袭,穿越盐漠,来到河边。它们在水坑边集结,有些弯着脖子,大声咀嚼着干草,有些喷着鼻息,嘶叫着,表达找到了水源的满足感。

　　有一些动物已经在那里饮过水,如羚羊、汤姆森瞪羚、狮子等。斑马小心翼翼地向水边移动，余光不时盯向狮子，生怕它突然冲出来。

斑马喝水的时候，水洼里漾起了一圈波纹，水浪拍打着河岸。它们察觉到了一丝危险，急忙跑上岸的同时，一只鳄鱼从水中跃起。

这些斑马运气还好——下一次就不知道怎样了。

它们住在哪儿

平原斑马
从埃塞俄比亚到南非

山斑马
纳米比亚，南非

细纹斑马
肯尼亚北部，埃塞俄
比亚

三种斑马都只生活在非洲大陆上。五个现存的平原斑马亚种分布在非洲东南部，以及从埃塞俄比亚到南非的地区。两个山斑马的亚种只出现在纳米比亚和南非的部分地区。而自成一类的细纹斑马生活在肯尼亚和埃塞俄比亚。图中用彩色方块标注的位置就是这些物种的所在地。

非洲之马

斑马属于马属。这个属的成员被称为马科动物，包括许多亚种，看它们那种直棱（léng）棱的切削齿、长长的脖子和脑袋就认出来了。当然，它们还有强壮的腿，每条腿上只长了一个脚指头，还有一层坚韧的蹄膜覆盖。斑马有三种，细纹斑马、山斑马和平原斑马（也叫寻常斑马），是只在非洲生活的马，过去广泛散布在非洲中部。可现如今，细纹斑马只在肯尼亚北部和埃塞俄比亚散居。这种斑马已经适应了干燥、半沙漠的栖息地。山斑马能够在不平坦的地面上行走，生活在纳米比亚和南非各种山脉的岩石斜坡上。平原斑马是这三种斑马中数量最多的，从埃塞俄比亚一直到南非都能看到它们的身影，但是大多数生活在肯尼亚和坦桑尼亚的草原。

斑马可以根据体形大小、条纹图案等特征进一步分为六个亚种：伯切尔斑马、查普曼斑马、

三趾马是一种古老的马，它们生活在 2300 万年前至大约 78 万年前之间的非洲及其他一些地区。

斑马属于有蹄类动物，与美洲驼、犀牛、驼鹿、绵羊和骆驼一样。

斑马有七节颈椎（或叫颈骨），与人类拥有的颈椎骨数量一样。

克劳塞斑马、格兰特斑马、塞氏斑马以及斑驴，最后一种在19世纪被人捕杀殆（dài）尽。山斑马有两种，开普山斑马和哈特曼山斑马。细纹斑马自成一类，没有亚种，目前被国际自然保护联盟（IUCN)归类为濒危物种。除斑驴和开普山斑马外，大多数斑马都是依照博物学家或探索者的名字来命名的。细纹斑马又叫格雷维斑马，以儒勒·格雷维的名字命名。儒勒·格雷维曾是法国总统，斑马是当时阿比西尼亚（今埃塞俄比亚）皇帝送给他的礼物。"斑马"一词来自刚果语，刚果语是中非刚果河地区居民的母语。

斑马是哺乳动物。哺乳动物中，除了针鼹（yǎn）和澳大利亚的鸭嘴兽是卵生，其余都是胎生，它们都会分泌乳汁，给幼体哺乳。哺乳动物作为恒温动物，身体需要保持在一个健康的恒温状态，通常比周围环境温暖一些。斑马生活的地方气候炎热，出汗可以让身体凉快下来——就像人类一样。汗水一蒸发，皮肤下面的血液就能冷

年幼的雄性斑马会通过磨蹭年长的同
伴来避免与它们的争斗，这种磨蹭表示
服从。

斑马在人工驯养下繁殖良好，全世界的动物园里每年都有小斑马出生。

却下来。斑马有时也像狗一样喘气，以降低它们的体内温度。

　　成年的雄性斑马称为公马，雌性称为母马，小斑马被称为马驹（jū）。斑马站立的时候肩膀高度超过 1.5 米，从鼻尖到尾巴尖总长达 3.5 米，其中光是尾巴长度就有 0.76 米，细纹斑马不仅是斑马当中最大的，也是所有野生马当中最大的，雄性可以重达 450 千克。其他斑马物种和亚种的体形比细纹斑马小，其中最小的是开普山斑马，只有 1.2 米高，2.1 米长（0.4 米的尾巴长度不算在其中）。所有平原斑马亚种的平均体重约 320 千克。

　　斑马的条纹毛，或称皮毛，长度很短；一条条纹的鬃（zōng）毛又硬又直，从颈后一路往下延伸，到了尾巴尖上汇成一撮粗糙的毛。每匹斑马的条纹图案都不一样，而且，不同的物种和亚种的条纹图案也不一样。例如，平原斑马的白色条纹比较宽阔，呈奶白色；细纹斑马的条纹就比较窄，为亮白色。在查普曼斑马和塞氏斑马的黑

斑马幼驹出生时，全身白色，带有棕色条纹，它们的鬃毛覆盖整个背，一直延伸到尾巴。

草和树叶既不果腹，又不能提供能量，所以斑马必须一整天不停地进食。

白条纹之间，还有类似棕色的条纹，称为阴影条纹。一些斑马的条纹一直延伸到马蹄上，但有些斑马的条纹只覆盖到身体，腿上是白色，如伯切尔斑马。动物学家普遍认为，斑马是白色的皮毛，黑色斑纹；但是白色皮毛下，皮肤上的色素却是黑色的。

斑马口鼻部的皮毛像天鹅绒，耳朵里有长长的毛，眼睫毛也是长长的，这样，哪怕风吹来尘土也不用怕。斑马是食草动物，它们的饮食结构里，约90%是草，但灌木和小树的叶子也是它们的美餐。斑马的前牙叫作门牙，是用来啃食贴近地面的那些草的；后牙叫作臼（jiù）齿，边沿十分锐利，用来把食物研磨成浆汁。斑马的上下颚各有四对臼齿。咀嚼久了，臼齿会磨损，所以斑马一辈子都在长牙，从来没有停过。

斑马几乎每天都要喝水。它们在湖边聚集，与其他动物一起饮水，还要一刻不停地留意捕食者。斑马的嗅觉和听觉都很敏锐，耳朵可以转动，侦测四面八方的声音；眼睛的位置很高，双眼间

斑马发声时会露出牙齿，它们低沉的叫声是为了表明领地，把自己的位置告知远处的伙伴。

平原斑马大约有52条斑纹，山斑马有110条左右，细纹斑马大约有160条。

斑马身上会生有虱子，这给牛椋鸟提供了一顿饕餮（tāo tiè）盛宴。

的距离也很长，不用转头就能看到四周。但是低头喝水的时候就不行了，这是它们最危险的时候。本来以为水里漂来一根裹了泥的大木头，没什么危险，于是斑马没管它，信步走近了，不料那木头突然从水里一跃而起，咬住斑马的头不放。怎么回事？原来那木头是鳄鱼假扮的！

斑马会游泳，但不擅长。一年里总有些时候，需要它们奋力穿过湍急的河流寻找食物。有的斑马游着游着就淹死了。为了躲避陆地上的捕食者，斑马每小时可以跑64千米。狮子能跟得上这个速度，但只能持续约90米。如果有动物从后面袭击斑马，斑马会踢它。被斑马强而有力的后腿踹上一脚的话，就算是狮子的骨头，也会碎裂。

斑马与牛椋（liáng）鸟有着特殊的关系，它们共享栖息地。牛椋鸟又叫食虱鸟，灰棕色，比知更鸟稍小。这些鸟为斑马提供清洁服务，从它们的皮毛上啄食寄生虫，鸟儿们还吃侵入动物伤口的小昆虫，帮助伤口尽快愈合。

斑马可以毫不费力地跑过一片低洼沼泽，尤其是在被天敌追捕时。

斑马在成群结队时才能感到安全，它们不分昼夜地保持着高度警惕，以防天敌来袭。

一起来吧

斑马是集体生活的动物，它们组成的群体叫作马群、母马群或者畜群。一年当中有某些时间，马群和母马群会聚集在一起，形成的畜群多的时候会有200多匹斑马。马群是由所有母马加上它们未成年的后代组成的，还有一些是由年轻公马组成的，叫作单身公马群。大多数马群没有领导，一些成员来了又走，它们可以在一年中随时加入不同的马群。平原斑马和山斑马过着游牧生活，它们从一个地方换到另一个地方，居无定所，自由自在。细纹斑马群则定居在靠近水源的成熟区域，由一匹强势的种马负责保卫领地，领地面积可以达到13平方千米，它还要负责与其他寻求领导地位的对手进行斗争。

斑马会在交配季节组成母马群。一匹公马可以聚集2—5匹母马，公马的后代以及这些母马组成"后宫"，数量最多的可以达到15匹。公马会防止其他公马接近自己的母马。年轻的公马如果要组建自己

如果一群斑马中有一匹在对抗中受伤，其他斑马会把它围起来，保护它，以防它受到更多的伤害。

海角山斑马的鼻子上有红色斑纹，可以用来区分其他物种和它们的亚种。

科学家们担心栖息地的改变会造成海角山斑马和哈特曼山斑马的杂交，导致纯血统亚种的灭绝。

的马群，就要靠偷拐其他公马的小母马来完成。

公马不仅不能让其他公马把自己的母马偷走，还要保护年轻和弱小的成员免受狮子、猎豹等捕食者的袭击，也要负责把它们领到靠近水源和食物的地方。有时，几十个马群一道迁徙（xǐ），形成规模浩大的牧群，为单个马匹提供一种称为扰乱色的伪装形式。一群斑马站在一起时，条纹混杂，捕食者很难挑出单个马匹来攻击。久而久之，捕食者就学聪明了，会在旁边等斑马放松警惕。

马群吃草的时候，公马仍然保持警惕，一旦感到危险，立刻站立不动，拱起脖子，仔细听，认真看。其他斑马会立即认出这种警戒姿势，停止吃草。有时候，一群狮子仅仅是去树荫下睡觉，并无什么危险。但是为了安全起见，斑马也会将马驹移动到牧群中心，加以保护，然后面对威胁所在的方向，站成半圆。它们会继续吃草，但眼睛一直盯着侵略者。

威胁迫在眉睫时，公马会吼叫，发出警告，

攻击性种马全力以赴保护自己的领地，统领的雄性斑马不会轻易放弃小雌马。

狮子不擅于长途奔袭，它们选择合作捕猎，或就地等待突如其来的惊喜。

母马也会向着自己的幼崽吼叫。当狮子或猎豹从草丛中冲出来时，斑马会一边响着鼻息跺着马蹄，一边奔逃开去。它们尽量聚在一起，保持队形，保护小马驹。然而往往输的还是斑马，牧群里总有落伍的斑马被捕食者叼了去。

成年斑马没有必要为后代而死，与小马驹相比，母马活下去更有意义，它可以继续繁殖，履行它在非洲生态系统中的"职责"。这不仅对斑马重要，对依靠斑马作为食物来源的许多动物也很重要。大型猫科动物吃掉斑马的内脏和肉，然后秃鹫（jiù）吃掉骨头上残留的肉，鬣（liè）狗跟着吃骨头。一匹斑马连渣子都不会留下。

逃过非洲捕食者的追杀，能活到老年的斑马寿命有 25 岁。动物园里的斑马可以活大约 30 年。一些研究表明，野生斑马在被捕食者掠食之前平均只活 9 年左右。母马大约 3 岁的时候就可以交配了，公马要到 4 岁。小母马到了发情期，身体会发出一种气味，表明它已做好交配的准备，这时，公马就会靠近母马群。小母马的发情期持续 2—4 周，其间会跟随公马而去。小母马离开母马群后，会成为种马之间战斗的导火索。种马们又踢又咬，直到其中一匹成为赢家。

在交配和分娩（miǎn）之前，小母马可能被偷拐好几次。产崽之后，它通常会和孩子的爸爸在一起，一生只和它交配。动物的交配季节因物种不同而不同。斑马的妊娠期为 12—13 个月。细纹斑马通常出生在 7 月到次年 11 月之间。海角山斑马通

斑马利用自己的前牙和嘴唇磨蹭群体成员的颈部和背部，这种行为可以增进族群关系。

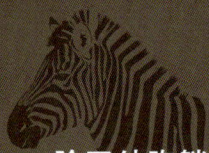

除了幼驹躺着睡，其他斑马都站着睡。当其他斑马休息时，会有一匹斑马站岗放哨。

常出生在12月到次年2月之间，而哈特曼山斑马最晚会在4月下旬产崽。平原斑马的所有亚种在10月到次年3月之间出生。

母马生小马驹的时候都是侧躺的。刚出生的斑马驹中，山斑马最小，重约25千克，平原斑马重约30千克，而细纹斑马可达40千克。所有的斑马驹能够在出生后20分钟内站立，并可在2小时内跑动。在它生命的头几天，小马驹会与马群里的其他成员分开生活一段时间，因为它必须学会辨识母亲的条纹图案、声音和味道。这种行为被称为印记行为，小马驹从此之后总是能找到自己的母亲——特别是在匆忙躲避捕食者的紧要关头。

虽然马驹在约1周龄开始吃草，但在它们生命的前7—10个月，还是要依靠母亲的奶水获取营养。几乎已经完全长大的小斑马会跟着母亲，最多要一起生活三年，持续到小公马加入其他马群。此时，小母马也到了发情期，会被公马"拐"走。之前生的小马驹两岁以后，母亲就可以准备再次

受孕了。

斑马的繁殖与生活的气候有关。在植被稀少的干旱时期，母马往往不能成功受孕，小马驹哪怕生下来，也很难存活。雨季的时候，水草丰美，母马更加健康，斑马群也就日趋兴旺起来。

一些斑马会在干旱尘暴区"洗澡"。在那里，它们伸展肌肉，还能缓解昆虫叮咬后的瘙痒。

看见条纹

自从人类开始相互交流，斑马一直是非洲故事的一部分。独特的条纹，使它成为万物起源故事完美的主题。万物起源故事，原文单词"pourquoi"源自法语，意思是"为什么"，这一类故事解释为什么在自然界里的万事万物变成现在的样子。有很多故事，都告诉了我们斑马身上的条纹是怎么来的。

纳米比亚的一个故事说，有一匹斑马和一只狒狒因为一个水坑争了起来。斑马踢了狒狒，害得狒狒一屁股划过一堆石头，斑马也不小心一个趔趄（liè qie），摔在狒狒点着的篝（gōu）火上。这个故事解释了为什么如今狒狒的臀（tún）部不长毛，是一片亮红色——被石头刮了屁股；而斑马呢，一下跌倒在篝火里燃着的树枝上面，所以身上有黑色的条纹。

南非的另一个故事是这样的，地球上的动物刚被创造出来的时候，身上并没有颜色。一天，造

斑马被追逐时，会以Z字形奔跑，攻击者很难紧盯住它们。

在一年一度的伦敦诺丁山狂欢节上，斑马作为一种具有异国情调的特色动物，成为奇装异服的创意造型。

物主邀请所有的动物去他的洞穴选择外套。豹子、狮子、鸵鸟、疣（yóu）猪、火烈鸟和南非所有的其他动物都来到洞里。然而，斑马在平原上徘徊（pái huái），拼命吃草。等它肚子吃得圆滚滚时，才停下来去了洞穴。可是斑马来得太晚了。外套都已被其他动物挑走，只剩一件黑色小外套。斑马勉强穿上外套，可实在太紧了。造物主笑了，告诉斑马说，这是它应受的惩罚，谁叫它贪吃迟到呢。为了系上扣子，斑马屏住呼吸，用力收起它吃撑的肚子。但它一喘气，外套就撕裂了十几个地方，留下了破烂的黑条。

由于这种独特的皮毛，许多非洲文化把斑马作为美丽和速度的象征，某些民族还在服装上采用斑马外形的元素。在乌干达，卡拉莫琼（qióng）人在他们的脸上画条纹，并用斑马的尾巴作为盛装的一个重要组成部分，在仪式和舞蹈中穿着。西非象牙海岸的丹人——那里曾经有过很多的斑马——在狩猎庆祝活动期间用木材雕刻的斑马面

具装扮自己，象征他们对速度的渴望。今天，从加纳到刚果民主共和国的人们继续穿戴斑马面具来防御邪灵或庆祝节日。

南非夸祖鲁—纳塔尔省的杜布人视斑马为一种神圣的动物，无论是狩猎斑马、牛羚，抑或它们的天敌狮子，一直都有严格的地点和季节规定。杜布（Dube）这个名字在部落语言中是"斑马"

在节日舞蹈中，土著祖鲁舞者会戴上传统的斑马面具来召唤祖先的灵魂。

欧洲人经历了多次的驯养失败后，意识到斑马更适合野生。

的意思，斑马被视为他们部落的图腾。在禁止捕猎的时期杀死斑马或在猎捕斑马后将尸体置之不理都被认为会招致不幸。

在博茨瓦纳，斑马被视为重要的野外资源。该国国徽上，有两匹斑马举着一个盾牌，上面还标有代表工业、自然资源和农业的象征符号，所有这些都对博茨瓦纳的经济健康发展至关重要。此外，他们国家足球队的昵称是斑马，队标上还画了一对斑马。

一个名为 Yipes 的五颜六色的斑马出现在水果条纹糖的商标上，这种糖自从 20 世纪 60 年代生产以来，一直很流行。1996 年，当时这种糖的

生产者好时食品公司提出了一个斑马保护的行动方案，效果很成功——每卖出一大盒水果条纹糖，就向世界自然基金会（WWF）捐赠5美分。他们采用这种方式，已经为世界自然基金会贡献了十多万美元的捐款。

2005年，梦工厂发行了动画电影《马达加斯加》，其中的斑马自信骄傲，嗓门又大，受到了电影观众的欢迎。一群不太可能成为朋友的动物——斑马马蒂（由克里斯·洛克配音）、狮子亚历克斯、长颈鹿梅尔曼和河马格洛里亚——生活在纽约的中央公园动物园，它们决定离开笼子寻找广阔的空间，经过一番冒险，最终到达了马达加斯加岛。

在电影《赛场大反攻》中，为了把斑马赶入畜栏，动用了八个驯兽人和牧人。

电影受到全球观众的喜爱，2008 年，梦工厂推出了续集《马达加斯加 2：逃往非洲》。在第二部影片中，马蒂在大迁徙期间遇到它的亲戚，并了解到了更多关于斑马条纹的奥秘。

现实生活中也有一匹明星斑马，因为带有马的特性，所以在北美牛仔竞技表演中大出风头。这匹斑马叫里本斯，是 20 世纪 50 年代由美国新墨西哥州的一个牧马人和牛仔表演者汤姆·怀特（Tom White）购买的。怀特教里本斯跳跃、赛跑和其他一些技巧。这对搭档在整个美国表演牛仔竞技十多年。后来里本斯被美国亚利桑那州的一家电影制片厂（许多西部电影都在那里拍摄）买走。之后，里本斯在摄影棚生活和表演，直到 1969 年去世。

2005 年，华纳兄弟拍摄了一部关于斑马表演的电影——《赛场大反攻》，影片讲述一匹名为小斑的斑马孤儿，在慢慢长大的过程中，一直相信自己有赛马的潜质。它的主人是个名叫查宁的女孩，非常相信小斑，并帮助它实现梦想。可是在

现实中，斑马通常做不了好赛马、牛仔马或马戏团表演动物，甚至连拉车也拉不了。不过两千多年来，人类一直在训练斑马。从古罗马开始，斑马就在马戏团表演，几百年来，人们也试图驯化它们——但几乎都没成功。圈养的斑马可以驯化，并可以做简单的表演，如《赛场大反攻》里面有八匹斑马，经过训练后，每一匹都能表演特定的动作。然而，由于斑马天生对人类怀有恐惧感，而且它们身体太宽，不适合放鞍（ān）座，人们基本上已经放弃了驯化的努力，不再逼它们和普通的家马一样干活。

像现实中的斑马一样，电影《马达加斯加 2：逃往非洲》中，也没有两匹斑马拥有一模一样的斑纹图案。

1841 年，在英格兰发现了第一块始祖马化石，此后"曙马"成为了马属标本的昵称。

适者生存

最古老的斑马祖先——科学家认为那同时也是第一匹马——可没比一只可卡犬大多少，而且只有18千克。始祖马在大约5000万年前出现，生活在北美洲、欧洲和亚洲。它们的身体和头部像一匹马，也有小的牙齿和爪垫的蹄趾——前脚有四个蹄趾，后脚有三个。始祖马存活了约1500万年，随着植被的变化，后来被更能适应环境的动物所取代。随着植物木本化和草纤维化，像马一样的食草动物开始长出了磨牙。

史前，马在逐渐变大。副马（*Parahippus*）大约存在于2000万年前，约一只德国牧羊犬大小。早期马的额外蹄趾逐渐消失，这由1200万年前的马化石所证实，在它中心位置的蹄的每一侧只有趾。许多早期的马在北美洲茁壮成长，直到大约10000到8000年前，发生了一场神秘的大规模变化，在北美洲许多种类的哺乳动物和鸟类就此灭绝。而在欧洲和亚洲，野马和野驴继续进化；在

斑马喜欢在泥里打滚，泥能粘上它们身上的病虫和脱落的毛。它们抖掉干燥了的泥土，就可以把自己清理干净。

在动物园生活的斑马，主要吃一种特殊的颗粒饲料、猫尾草（这种草也常用来喂养家兔）、盐分补给和胡萝卜。

非洲，这些野马的亲戚成为我们今天所见的斑马。

细纹斑马曾经有数百万匹之多，但在 19 世纪和 20 世纪初，过度猎捕导致它们的数量急剧减少。近几十年来，随着城市和农场扩展到斑马生活的地区，栖息地的缩小和丧失给斑马的生存带来了更大的威胁。由于与本土放牧家畜的竞争，斑马被栅（zhà）栏阻隔，无法靠近水源，再加上其他形式的人类干扰，现在只有约 2500 匹细纹斑马在野外生存。

动物保护者们想尽办法保护剩下的细纹斑马，增加它们的数量。保罗·莫利亚是一位肯尼亚研究野生动物的生物学家，他在肯尼亚非洲野生动物基金会开展了一项关于细纹斑马的研究。自 2002 年以来，莫利亚和他的项目组成员一直在跟踪斑马种群，监测斑马的数量并观察人类与斑马的相互影响。在政府和社区防止斑马偷猎所做出的努力中，他的团队起到了很大的作用。

2010 年，莫利亚的团队给 5 匹斑马安装了电子项圈，用来收集有关斑马运动和土地使用的数据。每个项圈里都包含一个全球定位系统（GPS），记录斑马在移动时的位置。他们先用麻醉镖射击斑马，然后安装上项圈，再放归大自然。莫利亚的团队希望收集到的数据能够帮助他们制定斑马保护战略，使斑马和人类能够和谐共存。

开普山斑马和细纹斑马出现在了世界自然保护联盟（IUCN）的濒危物种红色名录上。尽管1937年在南非建立了山斑马国家公园，过度捕猎仍然摧毁了开普山斑马种群。到20世纪50年代，这种斑马只剩下不到100匹。另外一些保护措施，比如建立更多的野生动物保护区起到了一定的作用。像1979年建立的卡鲁国家公园，帮助开普山斑马增加了数量，现在总数大约有1200匹。但数量还是太少，这种斑马仍旧没有脱离濒危状态。

重建斑马种群的主要战略包括将动物迁移到各种受保护的地方，以扩大这些地区的遗传组成，保障动物种类能够丰富起来，并且个体公民也应

电子项圈是细纹斑马保护组织的主要工具，此组织主要负责保护埃塞俄比亚和肯尼亚地区的斑马。

白氏斑马被认为已经在 1910 年灭绝，而在 2004 年，人们发现它们仍有幸存。

斑马通常在离水源不超过 32 千米的范围内食草，它们无法忍受四或五天以上的缺水。

当参与其中。例如，南非开普敦附近的布什曼斯·克卢夫荒野保护区是一个私人保护区，拥有 30 匹开普山斑马——这是世界上最大数量的私人收藏的开普山斑马。没有了捕食者的威胁，斑马、跳羚、大羚羊和其他有蹄动物，能够比较安全地茁壮成长。

虽然平原斑马在现有的栖息地内数量比较稳定——即使在无保护地区也还好——但它们的数量一直在下降。与家畜争吃草的地方是这些斑马面临的最大威胁。尽管斑马是一种受保护的物种，但在许多非洲国家，包括卢旺达、索马里、苏丹等，偷猎行为猖獗（chāng jué），而且，近年来的内战也使得野生动物的保护不那么受重视。

对斑马的研究多是在斑马大迁徙期间进行的，那时候，斑马组成集体，一起去寻找雨水更多、草色更绿的牧场。最大的斑马迁徙发生在坦桑尼亚和肯尼亚的塞伦盖蒂平原上；非洲南部国家博茨瓦纳的马卡迪卡迪盐沼会发生斑马的第二大迁

徙场面。斑马这一年一度的活动一直是最近研究的主题,包括《国家地理》的电视纪录片系列《大迁徙》(2010)也是对斑马迁徙的记录。

每一年,随着雨季的临近,成千上万的斑马、牛羚、瞪羚等动物历经数百千米,从奥卡万戈内陆三角洲去往马卡迪卡迪盐沼,为了能吃上雨水滋润过的草。1958年,一个将野生动物与家畜分开的围栏穿过博茨瓦纳而建。长约1300千米的围栏——以及博茨瓦纳和纳米比亚的14个其他

大约有150万只牛羚及30万匹的斑马和羚羊每年会穿越塞伦盖蒂,行走近3000千米。

斑马在野外是群居的，但对领地的占有欲导致它们无法与动物园里的其他有蹄类动物共处一室。

围栏——阻挡了成千上万的野生动物到达水源附近，导致每年有成千上万的大型哺乳动物死于干渴。2001 年，为避免野生动物与博茨瓦纳博泰蒂河沿岸的牛争夺水源而建造的另一个围栏，前后花了三年才建成。

布里斯托大学的英国科学家詹姆斯·布莱德

利和克里斯·布鲁克斯开始研究斑马迁徙，了解建造围栏的生态影响。他们用斑马项圈上的GPS设备来跟踪其运动，还研究了动物在迁徙期间食用的草的数量和质量。当博泰蒂河栅栏在2004年完成时，布莱德利和布鲁克斯开始进行第一个大型研究，就是了解围栏对迁徙动物的影响。研究人员收集关于迁徙模式的变化和斑马可以吃的草的差异的数据，希望制定一个在不断变化的世界中保护斑马的长期战略。

如果要对剩余的斑马群进行充分的保护和管理，就需要非洲各地的动物保护者、公民和政府继续关注斑马的生存状态。

斑马是非洲生态系统中的一个重要环节，对与之相关的其他生物的健康生存至关重要，无论是最大的捕食者还是最小的食腐动物。假如没有人们的帮助，斑马就可能会从曾经无边无际的非洲草原永远消失了。

斑马幼驹比成年斑马喝水的频率高，因此有幼驹的斑马群要经常待在靠近水域的地方。

人们会把斑马和马、驴进行杂交，但它们很少繁殖，那些出生的后代叫杂交斑马，通常没有生育能力。

动物寓言：
斑马为什么会失去犄角？

非洲中部各种文化中的艺术品、庆祝活动、还有故事都有斑马的身影。来自博茨瓦纳的故事解释了为什么现代的斑马没有犄角，而非洲其他很多动物都长有犄角。

———

很久以前，斑马一身亮白，头上长着褐色的犄角，笔直向上，长长的，就像武士的矛。斑马为自己的外表感到骄傲，当它在水坑边遇见其他动物时，总会炫耀自己纯白的皮毛和美艳的犄角。

有一天，大羚羊欧力克斯来到了一个水坑边。它的长相与周围的动物截然不同：披着一身带有黑白条纹的下垂皮毛，长长的腿上布满条纹，黑长的脸上长着白色的斑纹。许多动物包括斑马都在取笑欧力克斯与众不同的外表。

"你看起来像是穿着宽松的睡袍。"斑马说。

欧力克斯为此感到很沮丧。它羡慕斑马一身亮白的皮毛，尤其是那对长犄角。"我多希望拥有像你一样的犄角。"它对斑马说。

斑马笑着说："你的头上要是添加一些装饰，那就显得更奇怪了。"

"也许你可以让我试试。"大羚羊欧力克斯说，"看看会是什么效果。"

斑马哈哈大笑。水坑周围的其他动物——汤氏瞪羚、牛羚、犀牛和狮子——也大笑起来。"让它试试吧。"牛羚说。牛羚无疑比欧力克斯长得更奇怪，但它从不为此烦恼。

斑马想到取笑欧力克斯头上的犄角一定会很好玩，于是就同意了。

"但只能给你戴一会儿。"它一边对欧力克斯说，一边低下头，解下了犄角。

欧力克斯拿来犄角，小心翼翼地绑在头顶。它弯下身子，看着水坑里自己的倒影，笑得合不拢嘴，对自己的新形象沾沾自喜。"说真的，相当好看。"它说。

"你看起来真是太可笑了。"牛羚叫喊道。

欧力克斯听了，很是伤心。它对斑马说："如果你不介意，我想留下这对犄角。"说完，它用最快的速度跑离了水坑。

斑马对欧力克斯的言而无信气愤不已，于是拼命追赶。快追上时，斑马纵身一跃，跳上欧力克斯的背，去拿犄角，可欧力克斯松垮身的皮毛脱落下来。斑马摔到了地上，与欧力克斯的条纹皮毛纠缠在一起。

大羚羊欧力克斯回头看了看，心里一阵内疚，可当它听到斑马在声嘶力竭咒骂自己时，决定继续逃跑。这就是大羚羊如今只穿一身棕色内衣裤的原因。它的腿上依旧有斑纹，脸上也依旧有着白色斑纹。只是现在它还戴着犄角，像矛一样笔直锋利。

斑马感到很沮丧，它迈着沉重的步伐回到水坑边，被欧力克斯的条纹皮毛紧紧地裹着。"帮我把这东西拿下来。"它对牛羚说。

"不。"牛羚道，"我觉得它很适合你。"

"什么？"斑马叫道。

"谁让你总是炫耀自己漂亮的皮毛和犄角。"牛羚回答说，"现在因为你想取笑欧力克斯而把两个都失去了。你真应该永远披着这身斑纹。"

于是斑马就变成现在我们看到的样子了。

小词典

【进化】
事物由简单到复杂，由低级到高级逐渐发展变化。

【生态系统】
生物群落中的各种生物之间，以及生物和周围环境之间相互作用构成的整个体系。

【伪装】
一种通过色彩和斑纹与特定环境的混合，将自己隐藏起来的能力。

【驯养】
饲养野生动物，使其逐渐驯服。

【国徽】
代表国家的徽章、纹章，为国家象征之一。

【蒸发】
液体表面缓慢地转化成气体的过程。

【怀孕期】
一个时期，在此期间幼崽在妈妈的子宫里发育成形。

【色素】
使机体具有各种不同颜色的物质。

【全球定位系统（GPS）】
通过导航卫星对地球上任何地点的用户进行定位并报时的系统。由导航卫星、地面台站和用户定位设备组成。用于军事，也用于其他领域。

【迁徙】
从一个地方到另一个地方的季节性旅程。

【寄生虫】
寄生在别的动物或植物体内或体表的动物。寄生虫从宿主取得养分，有的能传染疾病，对宿主有害。

【偷猎】
捕猎野生的保护动物，即使这种做法违法。

【无生殖能力】
不能繁衍后代。

【图腾】
原始社会的人认为跟本氏族有血缘关系的某种动物或自然物，一般用作本氏族的标志。

【动物学家】
研究动物及其生活习性的科学家。

【基因】
生物体遗传的基本单位，存在于细胞的染色体上，呈线状排列。

部分参考文献

African Wildlife Foundation. "Grevy's Zebra Conservation." http://www.awf.org/section/wildlife/zebras.

Kostyal, Karen M. Great Migrations. New York: National Geographic Society, 2010.

Makgadikgadi Zebra Migration. "Homepage." http://www.zebramigration.org.

Masson, Jeffrey Moussaieff. Altruistic Armadillos, Zenlike Zebras: Understanding the World's Most Intriguing Animals. New York: Skyhorse Publishing, 2009.

San Diego Zoo. "Animal Bytes: Zebra." http://www.sandiegozoo.org/animalbytes/t-zebra.html.

Skinner, J. D., and Christian T. Chimimba. The Mammals of the Southern African Subregion. Cambridge: Cambridge University Press, 2005.

注意：

我们力保以上罗列的网站在本书出版之际仍保持运营。但由于互联网的特性，我们不能确保这些网站能无限期活跃，也不能保证里面的内容不会改变。

＊本书动物科学知识由浙江大学动物科学学院徐子叶女士审订。

斑马不像马跑得那么快，但它们持久力更强，可以疾速奔跑数千米。